DEVAN P D

ENSAYO DE CAÍDA DE BOLA SOBRE CHAPA DE ALUMINIO

DEVAN P D

ENSAYO DE CAÍDA DE BOLA SOBRE CHAPA DE ALUMINIO

Experimentación y simulación

ScienciaScripts

Cover image: www.ingimage.com

This book is a translation from the original published under ISBN 978-620-7-65454-3.

Publisher:
Sciencia Scripts
is a trademark of
Dodo Books Indian Ocean Ltd. and OmniScriptum S.R.L publishing group

120 High Road, East Finchley, London, N2 9ED, United Kingdom
Str. Armeneasca 28/1, office 1, Chisinau MD-2012, Republic of Moldova, Europe
Printed at: see last page
ISBN: 978-620-7-86311-2

ÍNDICE

RESUMEN

En este estudio exhaustivo, exploramos la interacción dinámica entre bolas de acero y aluminio 8011, centrándonos en la deformación inducida por impacto y la energía de deformación. Mediante una combinación de pruebas experimentales y análisis de elementos finitos con Ansys Workbench. El montaje experimental incluye impactos controlados de bolas de acero sobre probetas de aluminio, capturando la dinámica del mundo real. Nuestra simulación en Ansys Workbench, calibrada meticulosamente con los datos experimentales, proporciona un modelo fiable para comprender la dinámica del impacto. Las propiedades del material, como la densidad, el módulo de Young y la relación de Poisson, desempeñan un papel crucial en la respuesta. Los resultados no sólo demuestran la precisión de la simulación, sino que también aportan valiosos conocimientos sobre la interacción de los materiales en caso de impacto, con posibles aplicaciones en diversas industrias.

Palabras clave: Ensayo de caída de bola, Ensayo de impacto, Chapa de aluminio, Simulación, ANSYS

CAPÍTULO 1

INTRODUCCIÓN

1.1 Antecedentes

El aluminio 8011, apreciado por su excepcional maleabilidad y su notable resistencia a la corrosión, es la piedra angular de un sinfín de industrias, desde la del envasado hasta la de la ingeniería aeroespacial. A medida que los avances tecnológicos persisten, la búsqueda de aleaciones de aluminio con mejores prestaciones ha desencadenado una ferviente oleada de investigaciones. Esta búsqueda incesante está impulsada por el apetito insaciable de materiales que puedan soportar exigencias rigurosas y, al mismo tiempo, mantener la integridad estructural y la funcionalidad. Al mismo tiempo, la intrincada interacción entre los metales cuando se ven sometidos a fuerzas de impacto surge como un punto focal dentro de los dominios de la ingeniería estructural y de materiales. Al ahondar en las profundidades de este complejo fenómeno se descubre un cautivador tapiz de interacciones, en el que la colisión de elementos metálicos da lugar a una sinfonía de reacciones, cada una de ellas con profundas implicaciones para el diseño, la durabilidad y la seguridad. Así pues, la exploración de estos fenómenos no sólo alimenta la curiosidad científica, sino que también sustenta la evolución de soluciones innovadoras que amplían los límites de lo concebible en ingeniería y fabricación. En esencia, el viaje para desvelar los secretos de las interacciones de los metales bajo impacto sirve como testimonio de la búsqueda incesante de la humanidad por el conocimiento y el dominio de los materiales que dan forma a nuestro mundo.

El cromo, conocido por su excepcional dureza y su inigualable durabilidad, ha sido durante mucho tiempo una atractiva adición a las fórmulas de aleación, presentando tentadoras perspectivas para reforzar la destreza mecánica del aluminio. El atractivo reside en su capacidad para infundir mayor resistencia y elasticidad a las aleaciones de aluminio, elevando así su rendimiento en un amplio espectro de aplicaciones. Sin embargo, la realización de este potencial depende de una comprensión matizada de la intrincada interacción entre el cromo y el aluminio, especialmente en escenarios en los que entran en juego fuerzas dinámicas. Profundizar en el impacto de las adiciones de cromo, especialmente en forma de bolas de cromo, sobre el aluminio 8011 es fundamental no sólo para optimizar la utilización del material, sino también para reforzar la resistencia del diseño en entornos caracterizados por tensiones fluctuantes. Al desentrañar las complejidades de esta interacción, los ingenieros pueden ajustar las composiciones de las aleaciones y los procesos de fabricación para obtener materiales con propiedades mecánicas superiores y una mayor resistencia al desgaste, la fatiga y la deformación. Estos conocimientos sirven de guía inestimable en la búsqueda de soluciones robustas y duraderas que puedan soportar los rigores de las aplicaciones del mundo real, garantizando la longevidad, la fiabilidad y la seguridad en diversos entornos industriales.

A pesar de los esfuerzos anteriores por explorar los atributos mecánicos del aluminio y la respuesta al impacto de diferentes materiales, se ha echado en falta una investigación exhaustiva de la interacción precisa entre las bolas de cromo y el aluminio 8011, en particular en lo que respecta a la deformación y la energía de deformación. Esta investigación trata de llenar este vacío embarcándose en una exploración exhaustiva, integrando metodologías experimentales y técnicas avanzadas de simulación para dilucidar la intrincada dinámica que gobierna esta interacción. Mediante el examen meticuloso del comportamiento de las bolas de cromo incrustadas en el aluminio 8011 en condiciones variables de tensión y deformación, este estudio pretende desentrañar los mecanismos subyacentes que dictan los patrones de deformación y la disipación de energía. Los resultados previstos prometen no sólo profundizar nuestra comprensión fundamental del comportamiento de los materiales en situaciones de carga dinámica, sino también proporcionar valiosas ideas prácticas para las industrias que dependen de estos materiales para la robustez estructural y la eficiencia operativa. Con un conocimiento más matizado de los fenómenos interfaciales entre el cromo y el aluminio, los ingenieros y diseñadores podrán adaptar de forma proactiva las composiciones de los materiales y los procesos de fabricación para liberar potenciales sin explotar, dando paso así a una nueva era de mayor rendimiento y fiabilidad en un sinfín de aplicaciones industriales.

1.2 Objetivo

Este proyecto pretende investigar exhaustivamente el impacto de las bolas de cromo sobre el aluminio 8011 mediante un enfoque multifacético. En primer lugar, pretende analizar las respuestas dinámicas del aluminio 8011 cuando se somete a impactos, haciendo especial hincapié en comprender cómo varían estas respuestas en diferentes condiciones de impacto. El segundo objetivo consiste en cuantificar y analizar la deformación experimentada por el aluminio 8011 durante estos impactos, proporcionando información sobre las características de deformación del material. Además, el estudio pretende evaluar la energía de deformación generada en el impacto, explorando su distribución y disipación dentro de la estructura del material. Otro objetivo crucial es utilizar Ansys Workbench para el análisis de elementos finitos, lo que permitirá crear un modelo de simulación preciso que represente con exactitud el escenario del impacto. Por último, el proyecto pretende validar el modelo de simulación calibrándolo rigurosamente con valores reales obtenidos a partir de pruebas experimentales, garantizando la precisión y fiabilidad de los resultados simulados.

1.3 Significado

La importancia de este proyecto es profunda, ya que promete hacer avanzar significativamente nuestra comprensión de la intrincada dinámica subyacente a los impactos dinámicos sobre los materiales, con especial atención a dilucidar la interacción entre las bolas de cromo y el aluminio 8011. Mediante la cuantificación rigurosa de parámetros clave como la deformación y la distribución de la energía, esta investigación proporciona información indispensable que está preparada para catalizar avances transformadores en diversas industrias. Estos conocimientos sirven de guía para perfeccionar los diseños estructurales, mejorar el rendimiento de los materiales y, en última instancia, aumentar la eficiencia operativa y la seguridad de diversos sistemas y estructuras.

Además, el desarrollo y la validación del modelo de simulación Ansys Workbench representan un hito fundamental, que dota a investigadores y profesionales de una potente herramienta para llevar a cabo futuras investigaciones con mayor precisión y eficacia. Este marco de simulación validado no sólo facilita una comprensión más profunda de las complejas interacciones entre el cromo y el aluminio, sino que también permite explorar implicaciones más amplias para la ciencia y la ingeniería de materiales. Aprovechando las capacidades predictivas de este modelo de simulación, las partes interesadas pueden explorar proactivamente estrategias innovadoras para optimizar las propiedades de los materiales, perfeccionar los procesos de fabricación e impulsar las fronteras de la ciencia de los materiales.

En esencia, las polifacéticas aportaciones de este proyecto van mucho más allá de los confines de la experimentación de laboratorio, y tienen un profundo eco tanto en los sectores industriales como en los círculos académicos. Al desvelar nuevos conocimientos, perfeccionar las metodologías de simulación y fomentar la colaboración interdisciplinar, esta investigación allana el camino para avances transformadores que prometen marcar la trayectoria de la ciencia y la ingeniería de materiales en los próximos años.

1.4 Aplicación

Este proyecto puede impulsar avances en varios ámbitos, entre ellos:

Avances en ingeniería estructural:

Al profundizar en el conocimiento del comportamiento dinámico de los materiales frente al impacto, especialmente la interacción entre las bolas de cromo y el aluminio 8011, esta investigación puede servir de base para el desarrollo de diseños estructurales más resistentes y eficientes en una amplia gama de aplicaciones, desde edificios y puentes hasta maquinaria industrial e infraestructuras de transporte.

Perspectivas de optimización de la fabricación: La información obtenida a partir de la cuantificación de la deformación y la distribución de la energía puede servir de base para los procesos de fabricación, permitiendo estrategias de optimización que mejoren la eficiencia, la fiabilidad y la rentabilidad de la producción de componentes de aleaciones de aluminio-cromo y otros materiales utilizados en diversas industrias.

Innovaciones en diseño aeroespacial: Los resultados de esta investigación pueden ser especialmente valiosos para los ingenieros aeroespaciales, ya que tratan de mejorar el rendimiento y la durabilidad de las estructuras y los componentes de las aeronaves sometidos a cargas dinámicas durante las operaciones de vuelo. Al incorporar los conocimientos adquiridos a los procesos de diseño y selección de materiales, los fabricantes aeroespaciales pueden desarrollar aviones más ligeros, resistentes y eficientes en el consumo de combustible.

Mejora de las medidas de seguridad en automoción: La industria automovilística puede aprovechar los resultados de esta investigación para mejorar la seguridad de los vehículos diseñando componentes estructurales y sistemas de seguridad que resistan mejor las fuerzas de impacto en las colisiones. Esto puede conducir al desarrollo de vehículos más seguros que proporcionen una mayor protección tanto a los ocupantes como a los peatones.

Avances en la ciencia de los materiales: Esta investigación contribuye al avance del campo de la ciencia de los materiales al arrojar luz sobre el complejo comportamiento de los materiales en condiciones de carga dinámica. Los conocimientos adquiridos pueden inspirar nuevos enfoques en el diseño y la síntesis de materiales, lo que conducirá al desarrollo de nuevos materiales con propiedades adaptadas a aplicaciones específicas en distintos sectores.

Validación de software de simulación para análisis de impacto: La validación de software de simulación, como Ansys Workbench, para el análisis de impacto a través de esta investigación aumenta su credibilidad y utilidad para una amplia gama de aplicaciones de ingeniería más allá del estudio específico de las interacciones cromo-aluminio. Los ingenieros e investigadores pueden confiar en modelos de simulación validados para predecir y analizar el comportamiento de materiales y estructuras bajo impacto, facilitando una toma de decisiones más informada y la optimización del diseño.

En resumen, las implicaciones potenciales de esta investigación se extienden a múltiples disciplinas e industrias, ofreciendo oportunidades de innovación, optimización y mejora de la seguridad y el rendimiento en diversas aplicaciones de ingeniería.

CAPÍTULO 2

REVISIÓN BIBLIOGRÁFICA

[1] **AEF de máquina de ensayo de caída a escala de laboratorio".**
por Muhammad Waleed Anjum
El trabajo de Anjum explora la aplicación del análisis de elementos finitos (FEA) mediante ANSYS/LS-DYNA para estudiar la respuesta de una mesa de caída sometida a impacto. El estudio subraya la importancia de las pruebas de caída para evaluar los efectos del impacto, sobre todo en entornos con condiciones severas. El enfoque del AEF, integrado con el modelado teórico, permite una investigación exhaustiva del comportamiento de la mesa de caída en condiciones variables, ofreciendo información sobre la amplitud del choque, las tensiones y la influencia de la altura de caída.

[2] **Determinación de la resistencia al impacto mediante la medición del coeficiente de** restitución
por W. L. WALTERS
Walters investiga los fallos de los suelos de baldosas en situaciones de cargas intensas mediante el desarrollo de una prueba para evaluar la resistencia al impacto de los suelos de baldosas. El estudio subraya el papel crítico del soporte del sustrato en el fallo de los suelos, especialmente en entornos con cargas de alta intensidad. El método de ensayo propuesto proporciona un medio práctico para evaluar la resistencia al impacto de los suelos de baldosas, ofreciendo aplicaciones potenciales en industrias como fábricas, panaderías y supermercados.

[3] **Evaluación del impacto de la cabeza en ventanillas de automóviles de vidrio templado convencional y vidrio laminado en** accidentes **de impacto lateral y vuelco**

por Naman Gupta

La tesis de Gupta aborda las graves lesiones que sufren los ocupantes en colisiones laterales y vuelcos, centrándose específicamente en el fallo de los cristales de las ventanillas laterales. El estudio emplea modelos de elementos finitos para comparar el potencial de lesiones por impacto de las ventanillas de los automóviles de vidrio templado y de vidrio laminado. Los resultados ponen de relieve la superioridad del vidrio laminado en la prevención de las eyecciones de los ocupantes durante los impactos laterales y los vuelcos, lo que contribuye a mejorar la seguridad en el diseño de automóviles.

[4] **Resistencia de una ventana de cristal sometida a un impacto blando a alta velocidad**

por Lucia Figuli y Romana Erdelyiová

El trabajo de Figuli y Erdelyiová explora el comportamiento de los paneles de vidrio ante impactos blandos de alta velocidad, como choques de pájaros o carámbanos. El estudio pretende establecer métodos para estimar la resistencia del vidrio frente a impactos blandos, comparando los resultados con pruebas reales. Esta investigación es especialmente relevante en diversas aplicaciones, como el vidrio estructural de los edificios y el vidrio protector de dispositivos electrónicos y aviones.

[5] **Predicción numérica de la resistencia a la fractura dinámica de paneles de vidrio templado no simétricos montados en los bordes bajo el impacto de una gota de bola de acero**

por Hong-Seok Kim y Byung-Kuk Ha:**

Kim y Ha abordan el reto de establecer criterios de fractura para productos que contienen paneles de vidrio templado. El estudio predice numéricamente la resistencia a la fractura dinámica mediante simulaciones de impacto de caída de bola, demostrando la diferencia entre la resistencia a la fractura dinámica práctica y la resistencia a la fractura estática tradicional. Este trabajo aporta ideas para un criterio de fractura más eficiente en el diseño de productos que incluyan vidrio templado.

[6] **Identificación de los criterios de fallo del cristal del panel táctil en el ensayo de caída de bola**

por Wei-Ting Dai y Mao-Hsing Lin

El estudio de Dai y Lin se centra en la prueba de impacto de caída de bola, utilizada habitualmente para evaluar la fiabilidad de los productos de visualización portátil. La investigación propone un enfoque alternativo que utiliza un criterio basado en la energía para definir el fallo del vidrio, abordando los retos relacionados con las singularidades de tensión en el análisis de elementos finitos. Este enfoque ofrece un método más completo y adecuado para establecer criterios de fallo en las evaluaciones de la resistencia del vidrio.

[7] **Estudio del efecto de las partículas de grafito sobre la resistencia a la tracción, la dureza y la maquinabilidad de la matriz de aluminio 8011**

por B Latha Shankar y K.C Anil

Shankar y Anil investigan la aplicación industrial de los compuestos de matriz de aluminio, concretamente el refuerzo del aluminio 8011 con partículas de grafito. El estudio examina el impacto del contenido de grafito en la resistencia a la tracción, la dureza y la maquinabilidad. Los resultados indican mejoras en la resistencia a la tracción y la dureza con el aumento del contenido de grafito, mientras que el estudio de maquinabilidad revela una disminución de la rugosidad superficial. Esta investigación aporta valiosas ideas para optimizar los compuestos de matriz de aluminio para diversas aplicaciones industriales.

CAPÍTULO 3

METODOLOGÍA

3.1 Montaje experimental

El montaje experimental consta de un banco de pruebas meticulosamente diseñado, centrado alrededor del anillo de pruebas del impactador, como se muestra en las vistas frontal y lateral. El objetivo principal de esta configuración es evaluar meticulosamente la resistencia al impacto de diversos materiales, aprovechando la fuerza generada por una bola de acero controlada con precisión.

En el centro del aparato se encuentra un ingenioso dispositivo electromagnético, meticulosamente diseñado para mantener la bola de acero en su sitio durante la prueba. Este dispositivo cuenta con una posición vertical ajustable, meticulosamente controlada por un mecanismo motorizado, que permite ajustar con precisión la altura de la bola de acero antes del impacto. Este nivel de control garantiza unas condiciones de ensayo uniformes y reproducibles, esenciales para una evaluación precisa del rendimiento del material.

Una característica destacable de la configuración es la perfecta conversión del movimiento de rotación en movimiento lineal dentro del banco de pruebas, lo que facilita la liberación controlada de la bola de acero sobre la probeta. Este mecanismo garantiza la uniformidad y precisión en la aplicación de las fuerzas de impacto, cruciales para generar datos fiables y reveladores sobre la respuesta del material al impacto.

Además, para proporcionar información visual y facilitar los ajustes precisos, se ha colocado una escala en el montaje que ofrece una indicación clara de la altura del soporte electromagnético. Esta característica mejora la facilidad de manejo y permite a los investigadores mantener un control meticuloso de los parámetros experimentales durante todo el proceso de ensayo.

En esencia, esta configuración experimental meticulosamente elaborada encarna una fusión de ingeniería de precisión y tecnología avanzada, destinada a permitir una evaluación exhaustiva de la resistencia al impacto de los materiales. Gracias a su meticuloso diseño y a la cuidadosa integración de sus componentes, este aparato ofrece a los investigadores una poderosa herramienta para desentrañar las complejidades del comportamiento de los materiales en condiciones de carga dinámica y, en última instancia, allanar el camino hacia avances en la ciencia y la ingeniería de materiales.

3.1.1 Soporte electromagnético

Para sujetar con seguridad la bola de acero durante el ensayo de impacto se utiliza un soporte especializado equipado con un electroimán. La altura del soporte se controla mediante un mecanismo accionado por motor.

3.1.2 Sistema de motor

El sistema motorizado se encarga de controlar la altura del soporte electromagnético. Este ajuste es crucial para la precisión en el proceso de ensayo de impacto.

3.1.3 Conversión de movimiento rotacional a lineal

El montaje incorpora un mecanismo para convertir el movimiento de rotación en movimiento lineal, lo que facilita el descenso controlado de la bola de acero durante las pruebas de impacto.

3.1.4 Escala

El banco de pruebas lleva integrada una escala que proporciona una medida cuantitativa de la altura del soporte electromagnético. Esta característica contribuye a que los procedimientos experimentales sean precisos y repetibles.

3.1.5 Mecanismo de control

Todo el aparato experimental se regula mediante una placa Arduino y los interruptores asociados. La placa Arduino orquesta el funcionamiento del electroimán, el sistema de motor y el mecanismo de conversión de movimiento. Este control centralizado garantiza unas condiciones de ensayo sistemáticas y reproducibles.

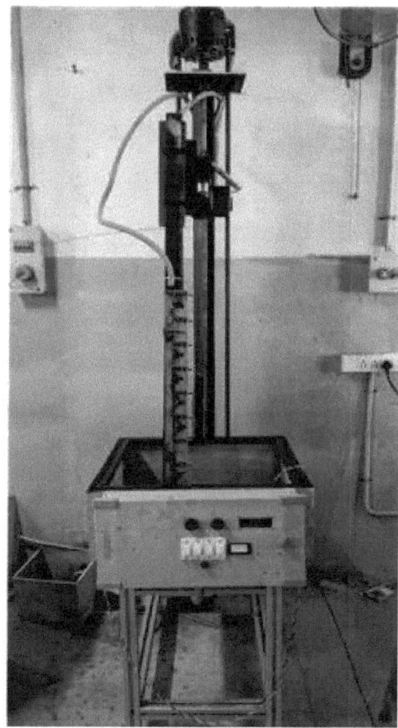

Figura 3.1 Vista lateral del banco de pruebas Figura 3.2 Vista frontal del banco de pruebas

3.2 Bolas de acero para pruebas de impacto

En el contexto de este experimento, se han seleccionado tres tamaños distintos de bolas de acero para evaluar su resistencia al impacto. Las especificaciones de cada bola se detallan a continuación. A continuación se adjunta una imagen comparativa de sus tamaños

Tabla 3.1 Parámetros de la bola de acero pequeña

3.2.1 Bola de acero pequeña

Parámetro	Valor	Unidad
Diámetro	20	mm
Material	52100 Cromo	--
Peso	0.0326	Kg

Tabla 3.2 Parámetros de la bola de acero mediana

3.2.2 Bola de acero mediana

Parámetro	Valor	Unidad
Diámetro	25	mm
Material	52100 Cromo	--
Peso	0.0639	Kg

Tabla 3.3 Parámetros de la bola de acero grande

3.2.3 Gran bola de acero

Parámetro	Valor	Unidad
Diámetro	235	mm
Material	52100 Cromo	--
Peso	0.1735	Kg

Figura 3.3 Comparación del tamaño de la bola

3.3 Selección del material de la chapa

Para el material de selección para la prueba de una placa, elegimos la hoja de metal de aluminio 8011 con dimensiones de 500*100*0,2 (todas las dimensiones están en mm). La especificación del material se indica a continuación

Tabla 3.4 Parámetros de la chapa

Parámetros	Valores	Unidad
Longitud	500	mm
Anchura	100	mm
Espesor	0.2	mm
Densidad	2710	Kg/m^3
Módulo de Young	69	GPa
Ratio de Poission	0.33	--

CAPÍTULO 4

EXPERIMENTO

4.1 Preprocesamiento del material

En la fase de preprocesado del metal, se selecciona cuidadosamente la chapa de aluminio de grado 8011. Posteriormente, se le da forma para conseguir unas dimensiones precisas de 500*100*0,2, y la chapa se endereza meticulosamente para eliminar cualquier doblez.

Tras el proceso de moldeado y alisado, se selecciona una zona específica para seguir procesándola. Esta zona elegida se malla meticulosamente utilizando una báscula y una cuchilla con un tamaño de 2 mm. La malla resultante se presenta a continuación:

Figura 4.1 Placa de acero mallada

4.2 Configuración de la máquina

Durante el proceso de preparación de la máquina, la chapa de aluminio previamente conformada adopta su posición dentro del banco de pruebas, meticulosamente fijada en su lugar mediante un fiable mecanismo de sujeción en C. Este método de fijación estratégica garantiza que la chapa se mantenga firme y sin dobleces ni deformaciones no deseadas, preservando así su integridad durante todo el procedimiento de ensayo.

No se puede exagerar la importancia de esta fijación segura, ya que sienta las bases para obtener mediciones precisas y fiables durante los experimentos posteriores. Cualquier deformación o movimiento involuntario de la lámina podría introducir imprecisiones en los datos, comprometiendo la fiabilidad de los resultados y socavando la validez de los análisis posteriores.

Reconociendo la importancia de este paso, se dedica una atención meticulosa al proceso de fijación para mitigar cualquier posible problema. Se hace todo lo posible para garantizar que la lámina de aluminio esté sujeta de forma firme y uniforme en su lugar, minimizando el riesgo de deslizamiento o distorsión durante las pruebas. Este meticuloso enfoque subraya el compromiso de mantener la integridad del montaje experimental y la precisión de las mediciones obtenidas.

La figura siguiente muestra una representación visual de la colocación correcta de la lámina de aluminio en el banco de pruebas, destacando la colocación precisa y la fijación segura conseguidas mediante el uso del mecanismo de sujeción en C. Esta representación ilustrativa sirve como referencia orientativa para los investigadores y técnicos que participan en el proceso de montaje, reforzando la importancia de seguir los procedimientos adecuados para obtener resultados experimentales fiables y significativos.

Figura 4.2 Fijación de la chapa en el banco de pruebas

Además de fijar firmemente la chapa de aluminio en el banco de pruebas, otro aspecto fundamental del proceso de preparación de la máquina consiste en alinear meticulosamente la bola de acero dentro del soporte electromagnético a la altura prescrita. Normalmente, esta altura se estandariza a un metro y se mide meticulosamente con una cinta métrica para garantizar la precisión y la exactitud.

La alineación de la bola de acero a la altura designada reviste una importancia capital para garantizar la fiabilidad y validez de las pruebas subsiguientes. Cualquier desviación de la altura especificada puede introducir discrepancias en las mediciones, comprometiendo potencialmente la integridad de los resultados experimentales. Por lo tanto, durante el proceso de alineación se tiene un cuidado meticuloso para mantener la exactitud de la configuración de la prueba.

Para lograr esta precisión, la altura de la bola de acero dentro del soporte electromagnético se ajusta meticulosamente hasta que alcanza la marca deseada de un metro indicada por la cinta métrica. Este meticuloso enfoque garantiza que la bola de acero se coloque de forma constante y precisa, lista para emitir impactos controlados sobre la lámina de aluminio durante las pruebas.

En la figura siguiente se representa visualmente la bola de acero alineada dentro del soporte electromagnético a la altura designada de un metro, y el proceso de medición se lleva a cabo utilizando una cinta métrica. Esta representación ilustrativa sirve de referencia para mantener la precisión y el cumplimiento de los procedimientos normalizados durante el proceso de configuración, salvaguardando así la integridad y fiabilidad de los datos experimentales obtenidos.

Figura 4.3 Alineación de la bola

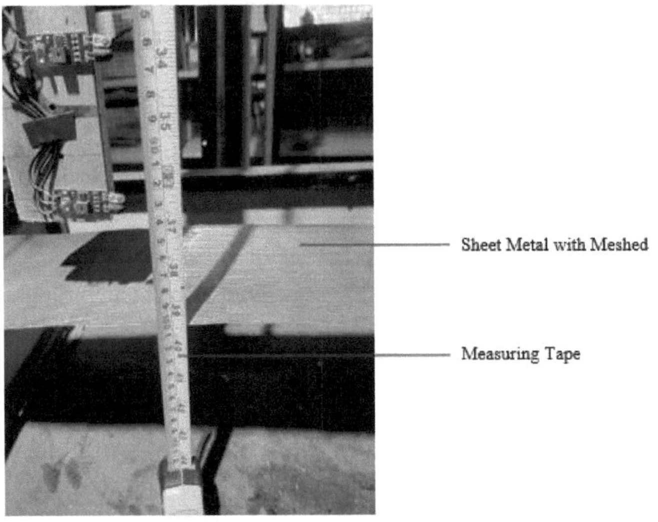

Figura 4.4 Medición de la altura

4.3 Prueba de la hoja

En la fase de prueba de impacto de la chapa de aluminio 8011, se adopta meticulosamente un enfoque sistemático para garantizar tanto la precisión como la seguridad durante todo el procedimiento experimental. El proceso comienza con la activación del sistema electromagnético, iniciando la magnetización de la bola de acero dentro del soporte electromagnético. Antes de este paso, se aplican meticulosamente estrictas precauciones de seguridad para verificar que no haya personal en peligro dentro del entorno de ensayo, garantizando así el bienestar de todas las personas implicadas.

Una vez confirmado que el entorno de prueba es seguro, el interruptor electromagnético se apaga concienzudamente, lo que desconecta la fuerza magnética y permite que la bola de acero descienda sobre la chapa de aluminio bajo la única influencia de la gravedad. Este impacto controlado imparte una cantidad precisa de energía a la chapa, induciendo la deformación en una zona localizada.

Inmediatamente después del impacto, la región afectada de la lámina de aluminio se marca meticulosamente para identificarla de forma clara e inequívoca. Este proceso de marcado es vital para el posterior análisis e interpretación de los resultados experimentales.

El protocolo de ensayo está diseñado para ser exhaustivo y fiable, y cada impacto de bola de acero se repite tres veces para garantizar la coherencia y validez de los datos obtenidos. Después de cada impacto, se marca minuciosamente la zona específica de la chapa que ha sufrido el impacto, lo que aumenta aún más la exactitud y precisión del análisis posterior.

Siguiendo este exhaustivo protocolo de ensayo, los investigadores pueden recopilar sistemáticamente los datos esenciales necesarios para calcular parámetros cruciales como la tensión, el esfuerzo y la deformación de la chapa de aluminio. Este meticuloso enfoque no sólo garantiza la fiabilidad de los resultados experimentales, sino que también facilita una comprensión más profunda del comportamiento del material en condiciones de carga dinámica, contribuyendo así a los avances en la ciencia y la ingeniería de materiales.

La repetición del proceso garantiza la coherencia y fiabilidad de los resultados obtenidos, mientras que las zonas marcadas sirven como puntos de referencia para análisis posteriores. Para garantizar la exactitud y validez de los resultados de las pruebas de impacto es primordial respetar estrictamente las medidas de seguridad y los procedimientos de ensayo normalizados.

Figura 4.5 Prueba de impacto

Después de esta prueba de impacto, la figura siguiente muestra la deformación formada en la chapa de aluminio 8011.

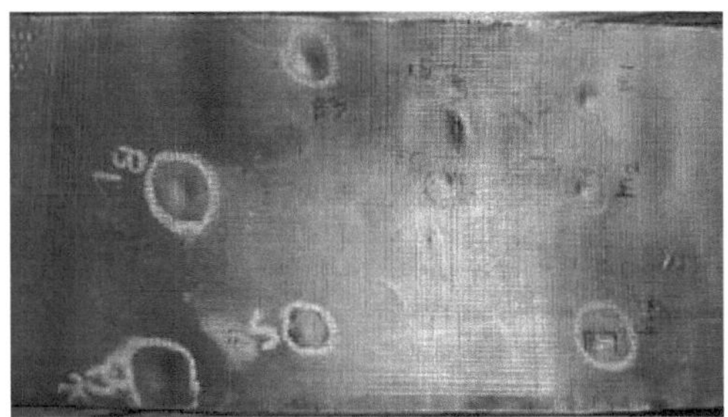

Figura 4.6 Hoja impactada

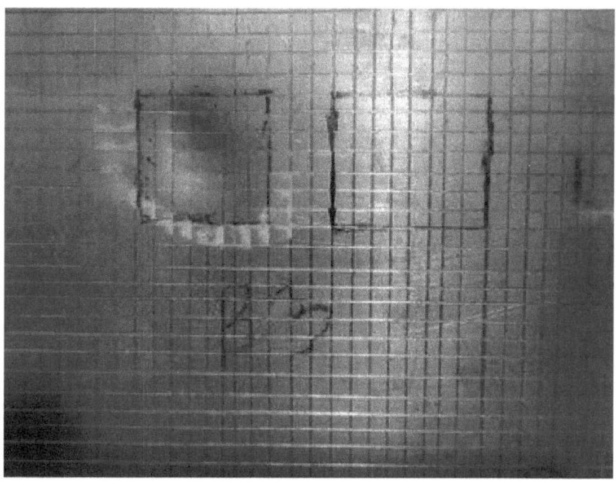

Figura 4.7 Impactado por una bola grande

4.4 Tratamiento posterior

4.4.1 Recogida de datos

Tras la prueba de impacto de la chapa de aluminio 8011, la siguiente fase consiste en la recopilación meticulosa de datos relativos al grado de deformación sufrido por el material. Para ello, se utiliza un calibre de altura, que es un instrumento fiable para medir con precisión la altura deformada de la chapa.

La utilización de un calibre de altura garantiza mediciones precisas y fiables, lo que permite a los investigadores cuantificar meticulosamente los cambios de altura inducidos por el impacto. Este nivel de precisión es indispensable para conocer la magnitud de la deformación experimentada por la lámina de aluminio como resultado de las fuerzas aplicadas.

La altura deformada medida sirve como parámetro fundamental para evaluar los efectos del impacto sobre la chapa y desempeña un papel central en los análisis y cálculos posteriores. Mediante la obtención de mediciones precisas, los investigadores pueden obtener información muy valiosa sobre la respuesta del material a las condiciones de carga dinámica, lo que facilita una comprensión global de su comportamiento mecánico.

La figura siguiente ofrece una representación visual del meticuloso proceso de medición, mostrando el cuidadoso uso del calibre de altura para medir la altura deformada de la lámina de aluminio. Esta ilustrativa representación subraya la precisión y la atención al detalle aplicadas en el proceso de recogida de datos, destacando las rigurosas metodologías empleadas para garantizar la fiabilidad y exactitud de los resultados experimentales.

Figura 4.8 Medición con el vernier de altura

4.4.2 Cálculos

Cálculo de la energía de impacto en el punto de choque contra la chapa

Energía de impacto $=\frac{1}{2}MV^2 \; joules$

Para calcular la velocidad del balón en el punto de impacto, podemos utilizar las ecuaciones cinemáticas

$$V^2 = U^2 + 2as$$

Como sabemos

U = 0

a = 9.81 $\frac{m}{s^2}$

s = m

Sustituyendo estos valores obtenemos que la velocidad de la bola es 4.41 $\frac{m}{s}$

Valor de impacto de la bola pequeña

IE= $\frac{1}{2}(0.0326)(4.41^2)$

IE=0,317 $joules$

Valor de impacto para bola mediana

IE= $\frac{1}{2}(0.0639)(4.41^2)$

IE=0,621 $joules$

Valor de impacto de la bola grande

IE= $\frac{1}{2}(0.173)(4.41^2)$

IE=1,682 $joules$

Ahora para encontrar la deformación en la placa de aluminio con respecto a cada bola

La fórmula de la deformación es

$$\delta = \left(\frac{6Fr}{E\pi^2}\right)^{\frac{1}{3}} \ mm$$

Deformación de la chapa debida a una bola pequeña

$$\delta = (\frac{6 * 319.806 * 10}{69 * 10^6 * \pi^2})^{\frac{1}{3}}$$

$$\delta = 0.030\ mm$$

Deformación de la chapa por bola mediana

$$\delta = (\frac{6 * 626.859 * 12.5}{69 * 10^6 * \pi^2})^{\frac{1}{3}}$$

$$\delta = 0.040\ mm$$

Deformación de la chapa por bola grande

$$\delta = (\frac{6 * 1756.656 * 17.5}{69 * 10^6 * \pi^2})^{\frac{1}{3}}$$

$$\delta = 0.064$$

Ahora calcularemos la tensión inducida en la chapa debido al impacto de una bola, y la fórmula para la tensión es

$$\sigma = \frac{F}{A} \quad \frac{N}{mm^2}$$

Tensión debida a un balón Pequeño

$$\sigma = \frac{319.806}{100}$$

$$\sigma = 3.19 \ \frac{N}{mm^2}$$

Tensión debida a un Balón mediano

$$\sigma = \frac{626.859}{100}$$

$$\sigma = 6.26 \ \frac{N}{mm^2}$$

Tensión debida a un Gran balón

$$\sigma = \frac{1756.656}{100}$$

$$\sigma = 17.56 \ \frac{N}{mm^2}$$

CAPÍTULO 5
SIMULACIÓN

5.1 Dinámica explícita

La dinámica explícita en ANSYS Workbench es una herramienta de análisis especializada, meticulosamente diseñada para simular eventos transitorios de alto impacto con una exactitud y precisión sin precedentes. Diseñado específicamente para escenarios como colisiones y caídas, este enfoque de análisis dinámico se distingue de los análisis implícitos cuasiestáticos por el énfasis que pone en capturar el comportamiento dinámico mediante la consideración explícita de los efectos temporales.

A diferencia de sus homólogos cuasiestáticos, que se centran principalmente en los estados de equilibrio, la dinámica explícita profundiza en la intrincada dinámica de los sucesos de corta duración, en los que prevalecen los cambios rápidos de las cargas. Al modelar meticulosamente los efectos de la inercia e incorporar explícitamente fenómenos dependientes del tiempo, este enfoque permite a los ingenieros simular y analizar con precisión la respuesta dinámica de las estructuras sometidas a eventos de gran impacto.

En el núcleo de la dinámica explícita de ANSYS Workbench se encuentra un conjunto de robustos algoritmos de contacto y sofisticadas funciones de gestión de la no linealidad de los materiales. Estas funciones permiten a los ingenieros reproducir con precisión interacciones complejas entre componentes y capturar con exactitud el comportamiento no lineal de los materiales en condiciones de carga dinámica.

Además, la dinámica explícita en ANSYS Workbench ofrece un soporte completo para una amplia gama de tipos de elementos, garantizando versatilidad y flexibilidad en el modelado de diversas configuraciones estructurales y materiales. Ya se trate de simular fracturas frágiles, deformaciones plásticas o inestabilidades estructurales, los ingenieros pueden aprovechar esta potente herramienta para obtener información muy valiosa sobre la respuesta estructural y el rendimiento en condiciones de carga dinámica.

Al proporcionar una comprensión más profunda de los fenómenos dinámicos y facilitar la optimización de los diseños para soportar eventos de alto impacto, la dinámica explícita en ANSYS Workbench emerge como un activo indispensable para los ingenieros de diversas industrias. Ya sea en el análisis de la resistencia al impacto en automoción, en las evaluaciones de integridad estructural aeroespacial o en las evaluaciones de seguridad de productos de consumo, esta herramienta de análisis avanzado permite a los ingenieros ampliar los límites de la innovación y diseñar estructuras robustas y resistentes capaces de soportar los rigores de los entornos dinámicos....

5.2 Fase de análisis

El proceso comienza con la creación meticulosa de modelos geométricos tanto para la bola de acero como para la chapa de aluminio 8011 en el entorno SolidWorks. Este paso es fundamental, ya que sienta las bases para los análisis y simulaciones posteriores y requiere diseños exhaustivos y precisos para captar con exactitud las complejidades geométricas de los componentes.

Mediante una meticulosa atención al detalle, los ingenieros elaboran minuciosamente los modelos geométricos, asegurándose de que representan fielmente las características físicas y las dimensiones de la bola de acero y la chapa de aluminio 8011. Este meticuloso enfoque es crucial para lograr resultados de simulación fiables y precisos, ya que cualquier discrepancia o imprecisión en los modelos geométricos podría comprometer la integridad del análisis.

Una vez finalizados los modelos geométricos, el siguiente paso consiste en convertir los archivos al formato .STEP, un formato de archivo estandarizado ampliamente reconocido por su compatibilidad e interoperabilidad en diversas plataformas de software. Esta decisión garantiza una integración y compatibilidad perfectas en el entorno ANSYS Workbench, facilitando una transición fluida de la fase de diseño a la de simulación.

Al aprovechar el formato de archivo .STEP, los ingenieros pueden importar sin problemas los modelos geométricos en ANSYS Workbench sin encontrar problemas de compatibilidad o pérdida de datos, agilizando así el flujo de trabajo de simulación y acelerando el proceso de análisis. Esta interoperabilidad mejora la eficiencia y permite a los ingenieros centrar sus esfuerzos en realizar análisis en profundidad y obtener información significativa de los resultados de la simulación.

En esencia, el proceso de creación de modelos geométricos en SolidWorks y su conversión a formato .STEP representa un paso inicial crucial en el flujo de trabajo de simulación, sentando las bases para análisis robustos y precisos dentro del entorno ANSYS Workbench. Mediante una atención meticulosa a los detalles y el cumplimiento de las mejores prácticas, los ingenieros pueden garantizar la fiabilidad e integridad de sus estudios de simulación, impulsando en última instancia la innovación y haciendo avanzar las soluciones de ingeniería.

Dentro de ANSYS Workbench, la selección de la opción Dinámica explícita anuncia el comienzo del análisis dinámico, allanando el camino para una exploración meticulosa de eventos transitorios de alto impacto con una precisión sin precedentes. Cuando los ingenieros se embarcan en este viaje dinámico, el paso inicial implica la edición de los datos de ingeniería, una fase fundamental en la que las propiedades del material de aluminio 8011 se incorporan meticulosamente al marco de simulación.

Esta meticulosa incorporación implica la especificación de una amplia gama de parámetros de material esenciales para modelar con precisión el comportamiento del aluminio 8011 en condiciones de carga dinámica. Entre estos parámetros destacan la densidad, el módulo de Young y la relación de Poisson, cada uno de los cuales desempeña un papel fundamental en la respuesta del material a las fuerzas y deformaciones externas.

La densidad sirve como métrica fundamental para cuantificar la masa por unidad de volumen del material, lo que proporciona información sobre sus propiedades de inercia y facilita el cálculo preciso de las respuestas dinámicas. El módulo de Young, por su parte, delinea la rigidez del material y su resistencia a la deformación bajo cargas de tracción o compresión, sirviendo como parámetro fundamental para captar el comportamiento elástico.

La relación de Poisson, una magnitud adimensional, refleja la tendencia del material a contraerse lateralmente cuando se somete a una carga axial, lo que influye en sus características generales de deformación. Al especificar estas propiedades del material con una precisión meticulosa, los ingenieros se aseguran de que la simulación refleje con exactitud el comportamiento real del aluminio 8011 en condiciones dinámicas.

Además, la incorporación de las propiedades de los materiales en el entorno de ANSYS Workbench sienta las bases para una exploración exhaustiva de las respuestas estructurales, lo que permite a los ingenieros obtener información muy valiosa sobre factores como las distribuciones de tensiones, los patrones de deformación y los mecanismos de disipación de energía.

En esencia, la edición de datos de ingeniería dentro de ANSYS Workbench representa un paso fundamental en el flujo de trabajo del análisis dinámico, sentando las bases para simulaciones robustas y precisas de eventos transitorios de alto impacto. Mediante una atención meticulosa a los detalles y la especificación juiciosa de las propiedades de los materiales, los ingenieros pueden aprovechar todo el potencial de Explicit Dynamics para impulsar la innovación y avanzar en las soluciones de ingeniería con confianza y precisión.

La siguiente fase consiste en importar los archivos de geometría a la sección Geometría mediante la opción de importación. En la pestaña Modelo se asignan las propiedades de los materiales, tanto de la bola como de la chapa, para que la simulación refleje fielmente las características físicas de los materiales.

Para establecer las condiciones de contorno, se fijan los extremos de la chapa mediante la opción Dinámica explícita. El paso siguiente consiste en aplicar aceleración o velocidad a la bola, definiendo las condiciones iniciales para el evento dinámico.

La configuración temporal es un aspecto crítico de la simulación, y la selección de un paso temporal máximo adecuado, en este caso, 0,60 segundos, es esencial para capturar con precisión el comportamiento dinámico del sistema.

Una vez configurado el paso temporal, se mallará toda la geometría. El mallado es un paso crucial, ya que discretiza la geometría y permite representar con precisión la estructura física. Una malla bien estructurada es esencial para obtener resultados de simulación fiables y realistas.

En la sección Solución de ANSYS Workbench, los ingenieros especifican meticulosamente los parámetros de salida deseados, adaptando el análisis para cumplir los objetivos específicos de la simulación. Esto podría abarcar una miríada de parámetros, que van desde métricas fundamentales como la tensión y la deformación hasta puntos de datos más intrincados pertinentes para los objetivos del análisis.

Con precisión y claridad, los ingenieros articulan sus requisitos, delineando la información crítica que buscan extraer de los resultados de la simulación. Tanto si se trata de cuantificar las distribuciones de tensiones como de evaluar los patrones de deformación o los mecanismos de disipación de energía, la sección Solución sirve de conducto para expresar estos objetivos con meticulosa claridad.

Una vez finalizados los parámetros de salida deseados, los ingenieros se embarcan en el proceso de análisis haciendo clic en el icono de resolver, iniciando un sofisticado viaje computacional dentro de ANSYS Workbench. A través de una serie de cálculos iterativos, ANSYS Workbench resuelve meticulosamente las ecuaciones de movimiento que rigen el comportamiento dinámico del sistema, atravesando el tiempo y el espacio para desentrañar las complejidades de las respuestas estructurales en condiciones de carga transitoria.

A lo largo del análisis, ANSYS Workbench proporciona información en tiempo real sobre el comportamiento evolutivo del sistema y la convergencia del proceso de solución. Con cada iteración, el software refina sus cálculos, perfeccionando progresivamente una solución detallada que encapsula la interacción dinámica de fuerzas, desplazamientos y deformaciones dentro del sistema.

Al final del análisis, los ingenieros reciben una solución completa para los parámetros de salida especificados, meticulosamente adaptada para cumplir los objetivos de la simulación. Esta solución detallada encierra una gran cantidad de información, que ofrece una visión de la respuesta estructural en condiciones de carga dinámica y proporciona una base para la toma de decisiones informadas y análisis posteriores.

En esencia, la sección de soluciones de ANSYS Workbench representa el nexo de unión entre el conocimiento de ingeniería y la destreza computacional, permitiendo a los ingenieros transformar sus objetivos en conocimientos prácticos mediante una especificación meticulosa de los parámetros de salida y el cálculo iterativo de soluciones.

En resumen, la realización de simulaciones dinámicas en ANSYS Workbench se caracteriza por una serie de pasos meticulosamente orquestados, cada uno de los cuales desempeña un papel crucial en la obtención de resultados precisos y perspicaces. Comienza con el diseño meticuloso de modelos geométricos, garantizando la fidelidad a las estructuras y componentes del mundo real. A continuación, se definen con precisión las propiedades de los materiales, captando su comportamiento en condiciones de carga dinámica.

Las condiciones límite se establecen cuidadosamente para simular las limitaciones físicas y los factores ambientales que influyen en el comportamiento del sistema. La configuración de los pasos temporales garantiza la precisión de las simulaciones transitorias, permitiendo una captura precisa de los eventos dinámicos. El mallado optimiza el dominio computacional, equilibrando la precisión con la eficiencia computacional.

Por último, en la sección Solución, los ingenieros especifican los parámetros de salida deseados, que van desde la tensión y la deformación a la deformación y más allá. ANSYS Workbench, con sus potentes funciones de Dinámica Explícita, orquesta todo el proceso a la perfección. Lleva a cabo simulaciones completas y precisas de eventos dinámicos, ofreciendo una valiosa información sobre el comportamiento de los materiales bajo impacto u otras condiciones transitorias.

A través de este meticuloso proceso, los ingenieros adquieren un profundo conocimiento de las respuestas estructurales a las cargas dinámicas, lo que les permite optimizar los diseños, mejorar la seguridad e impulsar la innovación en multitud de sectores. ANSYS Workbench se convierte en una herramienta indispensable que permite a los ingenieros ampliar los límites de lo posible en el ámbito del análisis dinámico y la simulación.

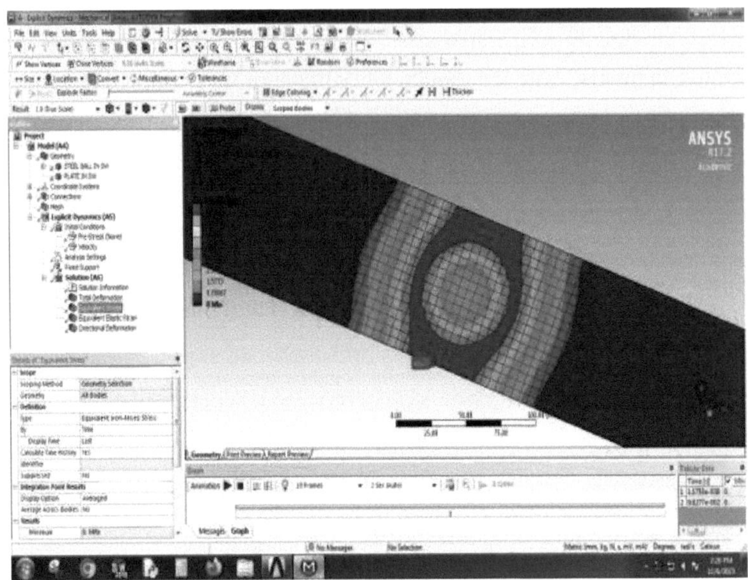

Figura 5.1 Simulación Ansys de la tensión inducida en la placa debido a una bola grande

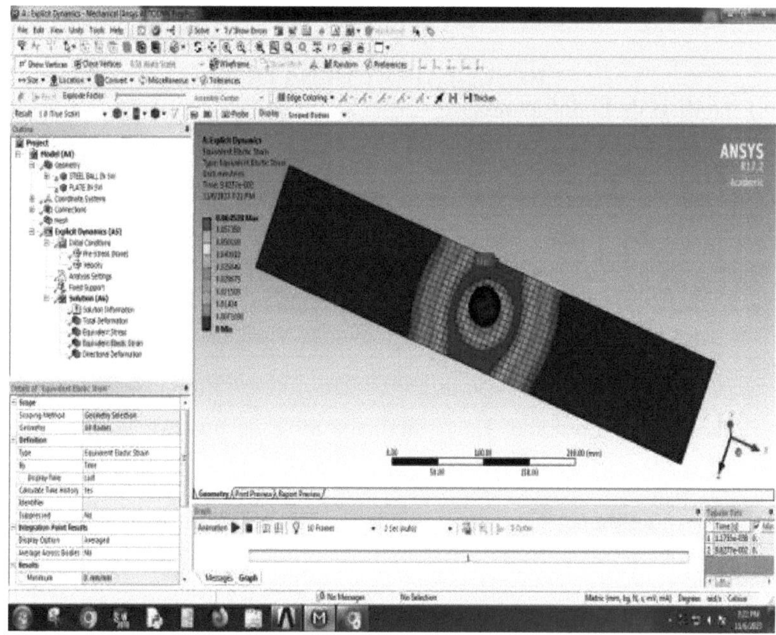

Figura 5.2 Simulación Ansys de la deformación de una bola grande

CAPÍTULO 6

RESULTADO Y DEBATE

6.1 Análisis de la deformación

La simulación captó con precisión la deformación dinámica de la chapa de aluminio 8011 tras el impacto. Los resultados mostraron la formación y propagación de las deformaciones, lo que permitió una evaluación exhaustiva de cómo respondió el material a la fuerza externa repentina. Las representaciones visuales, como gráficos de contorno y animaciones, proporcionaron una clara representación de la forma deformada. En la siguiente tabla se muestra la diferencia entre el valor real y el analizado de la deformación en la placa

Tabla 6.1 Comparación de los valores de deformación

S.no	**Tamaño del balón**	**Valor en tiempo real**	**Valor de simulación Ansys**
1	Bola grande	0,030 mm	0,027 mm
2	Bola mediana	0,040 mm	0,037 mm
3	Bola pequeña	0,064 mm	0,060 mm

6.2 Distribución de tensiones

La distribución de la tensión en la chapa de aluminio fue un parámetro clave del análisis. La simulación dinámica explícita puso de manifiesto concentraciones de tensión localizadas, lo que proporcionó información crítica sobre las zonas que experimentan mayores niveles de tensión. Comprender estos patrones de tensión es vital para evaluar los posibles puntos débiles del material y optimizar los diseños para mejorar la durabilidad. En la siguiente tabla se muestra la diferencia entre el valor real y el analizado de la tensión inducida en la placa

Tabla 6.2 Comparación de los valores de tensión

S.no	Tamaño del balón	Valor en tiempo real	Valor de simulación Ansys
1	Bola grande	17,56 N/mm^2	N/mm^2
2	Bola mediana	6,26 N/mm^2	N/mm^2
3	Bola pequeña	3,19 N/mm^2	N/mm^2

La simulación dinámica explícita demostró ser una herramienta sólida para estudiar el comportamiento ante impactos de la chapa de aluminio 8011. La representación precisa de las deformaciones, la distribución de tensiones y los patrones de deformación proporciona a ingenieros e investigadores datos valiosos para optimizar los diseños y predecir la integridad estructural de los materiales en eventos dinámicos.

La información obtenida con esta simulación puede servir para desarrollar materiales más resistentes a los impactos y orientar futuros diseños. La capacidad de visualizar y cuantificar la respuesta dinámica de la lámina de aluminio subraya la importancia de las simulaciones dinámicas explícitas para predecir y comprender el comportamiento de los materiales en situaciones reales.

CAPÍTULO 7
CONCLUSIÓN

En conclusión, la simulación dinámica explícita del comportamiento ante impactos de la chapa de aluminio 8011 ha proporcionado valiosos datos sobre la respuesta del material en condiciones de carga dinámica. El análisis exhaustivo, que abarca la deformación, la distribución de tensiones y los patrones de deformación, ha mejorado nuestra comprensión de cómo reacciona el material ante fuerzas externas repentinas. La simulación ha demostrado ser una potente herramienta para predecir y visualizar el comportamiento de la chapa de aluminio inducido por impactos. La representación precisa de las deformaciones, las concentraciones de tensiones y los patrones de deformación sirve de base para optimizar los diseños y los materiales a fin de que resistan acontecimientos dinámicos como impactos, choques o caídas. Los resultados de este proyecto contribuyen al avance de la ingeniería de materiales, ofreciendo una comprensión detallada del comportamiento de la chapa de aluminio 8011 en escenarios que implican cargas rápidas y transitorias. Este conocimiento puede servir de base para el desarrollo de materiales con mayor resistencia a los impactos y orientar futuras consideraciones de diseño en diversas industrias, como la automovilística, la aeroespacial y la manufacturera. En esencia, la simulación dinámica explícita ha proporcionado una plataforma virtual para evaluar y perfeccionar el comportamiento del material, ofreciendo un medio rentable y eficaz de predecir y optimizar la respuesta de los materiales en condiciones dinámicas. Este proyecto sienta las bases para seguir explorando e innovando en la ciencia y la ingeniería de materiales, destacando la importancia de las técnicas de simulación para avanzar en nuestra comprensión del comportamiento de los materiales en aplicaciones del mundo real.

REFERENCIAS

[1] G. Mustafa, S. T. Gul, S. Nadeem, Pakistan Institute of Engineering & Applied Sciences, Institute of Electrical and Electronics Engineers. Sección de Islamabad, e Instituto de Ingenieros Eléctricos y Electrónicos, *2016 Conferencia Internacional sobre Tecnologías Emergentes : 18-19 de octubre de 2016, Islamabad, Pakistán*.

[2] Walters, W. L. (1996). Determinación de la resistencia al impacto mediante la medición del coeficiente de restitución. British Ceramic Research Ltd. Qualicer.

[3] Gupta, N. (2013). Head impact evaluation onto conventional tempered glass and laminated glass car windows in side impact and rollover accidents (Tesis doctoral, Universidad Estatal de Wichita).

[4] Figuli, L., Erdelyiová, R., Papán, D., & Papánová, Z. (2020). Resistencia de una ventana de vidrio sometida a un impacto blando de alta velocidad. En MATEC web of conferences (Vol. 313, p. 00027). EDP Sciences.

[5] Kim, H. S., Ha, B. K., Yoo, B. Y., Jeong, H. S., & Park, S. H. (2022). Numerical prediction of dynamic fracture strength of edge-mounted non-symmetric tempered glass panels under steel ball drop impact. Journal of materials research and technology, 17, 270-281.

[6] Dai, W. T., Lin, M. H., & Huang, K. F. (2012, junio). 50.2: Identify the Failure Criteria of Touch Panel Glass in Ball-Drop Test. En SID Symposium Digest of Technical Papers (Vol. 43, No. 1, pp. 671-674). Oxford, Reino Unido: Blackwell Publishing Ltd.

[7] Latha Shankar, B., Anil, K. C., & Karabasappagol, P. J. (2016, septiembre). A Study on Effect of Graphite Particles on Tensile, Hardness and Machinability of Aluminium 8011 Matrix Material. En Materials Science and Engineering Conference Series (Vol. 149, No. 1, p. 012060).

Printed by Books on Demand GmbH, Norderstedt / Germany